科学全知道系列

我爱上了
数学

[韩]咸基锡◎著

[韩]郑丞姬◎绘

千太阳◎译

吉林科学技术出版社

序言

我们生活在数学的世界里

　　数学是一门已经被研究到尽头了的学科吗？小朋友们也许会认为，数学家们已经把能研究的都研究过了，恐怕再也不会有什么新的发现了吧！如果真的这么想的话，那可就大错特错了。虽然数学家们已经总结出很多数学原理和公式，但是还有许多未解之谜等待着我们去解开。数学的应用范围越来越广泛，金融、纳米技术、航空航天、气象预测、动画等现代行业和研究领域如果脱离了数学，就无法进行科学研究了。

　　数是研究量的基础，可以表示时间，还可以表示物品的个数。小朋友们可以想象一下，如果我们的世界没有数，生活将会多么糟糕啊！

　　研究空间图形的形状、大小和位置的相互关系等被称为几何。因为我们生活在用图形构成的空间里，所以对图形的了解就是对空间的理解。大多数的井盖为什么是圆的？足球为什么是圆的？这些问题的答案都可以在数学中找到。

数学也是一门研究发展的学科。例如，记录太阳升起的时间并从中找出规律，利用这个规律就可以预测第二天太阳升起的时间了。在运动员投球时，如果想把球投得更远，应该以什么样的角度投呢？在发射宇宙飞船时，飞船的重量、形状、燃料量等是如何确定的呢？这些问题的答案，同样也可以在数学中找到。

这本书将帮助小朋友们了解数字和图形、地图和空间、美术和音乐，还有深藏在自然界中的数学原理，从而让小朋友们明白，我们生活着的这个世界和数学是密不可分的。希望小朋友们通过本书能够抛开"数学有很多枯燥无味的公式"的片面认知，重新认识数学，发现数学中的规律。另外，伟大数学家们的构想也有助于提高小朋友们的思考能力。我们诚挚地希望小朋友们在读过这本书之后，能够以伟大的数学家们为榜样，学习他们对事物的观察力，还有刻苦钻研、坚持不懈的精神。

千万别讨厌数学

"数学，数学！"

假如现在我们面前出现了一个可以帮我们实现愿望的精灵，它会把我们讨厌的事物通通抹去，你会抹去什么呢？我相信很多小朋友都会毫不犹豫地喊出"数学"二字。可你们有没有想过，如果数学真的消失了，这个世界会变成什么样子呢？数字和计算消失了，我们买冰激凌和饼干时，该怎么付钱呢？日历和钟表要是消失了，世界将会变得多么乱七八糟、杂乱无章。真的到了那一天，我们连自己的生日是哪一天都无法表示，生日礼物肯定也收不到了。听到这些，你们还希望让数学消失吗？

数学不仅被应用在计算物品的价格方面，还应用在计算机、天气预报、人造卫星的发射、彗星的观测、农业、建筑等方面，几乎涉及了所有的领域。市场、银行、超市、公园、电影院、美术馆、游乐场等地方都有数学的影子。电脑、电话、身份证、车牌号、银行卡、条形码，这些重要的物品和证件中，没有一个不涉及数学。数学是我们生活中必不可少的，如同空气一样存在于我们的生活中。而且，在迈入21世纪之后，现代科技日益发达，数学的应用范围也越来越广泛。为了进一步谋求发展，社会也需要大量的数学人才。

其实，数学并不像我们想象的那样复杂，这原本就是一个以好奇心和想象力为出发点的趣味游戏而已。比如，人们看到雪人的造型就会联想到数字8，看到电线杆的形状就会联想到数字1，看到蝌蚪就会联想到数字9。如果把这些数字和我们最熟悉的东西联系在一起，就十分好记了，那样恐怕谁都愿意和数学成为好朋友了！如果对已经确定的事实提出"为什么？"的疑问，你就已经成功一半了。

大自然中隐藏着我们未知的秘密，所有事物和现象都含有数学原理和概念。从现在开始，培养自己在生活中发现数学的能力吧。因为逻辑、创意都离不开现实生活，所以通过对周围事物的观察、接触和感受提出自己的疑问，你就已经在实践中体验数学了。

希望小朋友们通过本书可以真心地喜欢数学，并能走进数学世界。如果讨厌数学的你突然喜欢上数学的话，我会非常高兴的。各位小朋友千万不要忘记，如果你们喜欢数学，数学也会加倍地喜欢你们！

接下来，就让我们开启在数学游戏王国中的梦幻旅程吧！

目录

进入图画世界 / 8

出发，开始时间之旅吧 / 27

埃舍尔的画室 / 41

刻有图形的阿基米德墓碑 / 57

呀，润奎变成了一只小猫 / 77

回答森林女神提出的问题 / 88

巨人们生活的图形城市 / 105

发生在帕斯卡三角山上的事情 / 117

参加动物们的音乐会 / 127

家中的魔术 / 137

进入图画世界

我趴在床上做着数学作业。时间仿佛静止了一样，过得好慢。眼前枯燥无味的数字，简直是无聊至极。我坐直身体，把书推到一边，看了看挂在墙上的时钟，怎么才五点啊！时间过得好慢，怎么半天才过去了五分钟！

　　"唉，烦死啦！"

　　我在椅子上折腾了半天，最后拿出了抽屉里的绿色皮球。我用力把皮球拍到地板上，皮球好像也生气了似的，迅速从地板上弹起撞到了天花板上，再由天花板撞到地板上。就这么反反复复了几次之后，皮球最终弹到了我的脑袋上。

　　"你敢撞我？！"

我抓起皮球用力抛向了天花板，皮球弹来弹去，弹得我晕头转向，最后突然消失得无影无踪了。我看了看书桌底下，没有找到。衣柜和墙壁之间的缝隙里也没有。

"你在找这个皮球吗？"

这时，不知从哪里传来了一阵声音。可是屋子里明明只有我一个人呀！听起来也不像是从窗外传进来的，分明就是从屋里的某个角落发出的声音。

"喂！你不是在找这个绿皮球吗？"

这回声音比上次大了一点儿。我突然感到害怕了，迅速躲到椅子后面，就像小乌龟一样，只探出个小脑袋，环顾四周，不知道接下来会发生什么。

"你这孩子，胆子怎么这么小啊？你是胆小鬼吧？"

这次声音变得更清晰了。我不禁浑身一颤，瞪大了眼睛左看看、右望望，两滴汗珠顺着脸颊流了下来，心怦怦直跳。最后，我终于找到了声音的来

源，原来是挂在墙上的日历发出的声音。

　　我慢慢地从椅子后面爬出来，小心地走近日历。日历上画着一个大房间，阳光透过窗户撒满了整个房间，墙上的壁纸画着加减乘除等数学符号。在一个大鱼缸的旁边，站着一个手里拿着绿皮球的小女孩。她用手轻轻地碰了碰鱼缸，鱼儿们就像被上了发条一样，突然从鱼缸中跳了出来。这些鱼儿们的形状非常奇特，有的是三角形，有的是正方形，有的是平行四边形，还有菱形、

梯形、圆形以及各种不规则图形。
更神奇的是鱼儿们离开了水竟然还
可以游动，它们摇摆着尾鳍从画里
游了出来，来到了我的面前！

　　"哇！"

　　我被眼前的景象惊呆了，好像
是在做梦一样，太不可思议了！

　　这时，画中的那个小女孩对我
说道：

　　"它们是图形鱼，你把双手并
拢。"

　　我看了看她，有些迟疑地把

两只手并拢。三角形的鱼儿顿时跳到了我的手中。我看着可爱的鱼儿在自己的掌心自由自在地游着，心里像吃了蜜一样甜。鱼儿的眼睛就像露珠一样晶莹剔透，身上的花纹精致、细腻。它们轻轻地从我的掌心飞向了天花板，后又掠过我的耳朵，然后回到了画中。

"来，继续吧！"

画中的那个小女孩把手中的皮球扔回我的房间。球

又弹到了我的脚边。

"你是谁呀？"

"我叫阿吉，你呢？"

"我叫润智！"

"润智，你做完作业了吗？"

她好像一直都藏在画里看我做作业。

"还没做完，太没劲了。我想去找朋友们玩，可是朋友们总笑话我。"

因为我的个子矮，朋友们都取笑我是矮冬瓜。这时，我不经意地看到了桌子底下的箱子。

"那个紫色箱子是什么？"

"这个吗？这是数字们的家。数字们非常喜欢音乐。"

阿吉从她的衣兜里掏出了一个我从来都没见过的乐器。这个乐器是半月形的，上面有9个小孔。她把它放在嘴边轻轻地吹了起来，乐器立刻发出了如潺潺泉水般美妙的声音。这时，紫色箱子被打开了，里面走出来很多数字。

"刚刚我演奏的音乐是呼唤奇数的音乐。你来告诉我，9之后应该出来什么数字啊？"

我想了想，后一个奇数应该比前一个大2，于是自信地说：

"9之后是11，然后是13，对吧？"

阿吉再次吹响了乐器，果然11和13从箱子里走了出来。

数字们手拉着手，面带笑容地开始翩翩起舞。

"它们跳的是什么舞啊？"

"阿拉伯舞！"

"还可以吹出其他数字吗？"

阿吉又吹了起来，但这次与刚才的那段音乐截然不同。伴随着欢快的节奏，数字们一个个摇摆着身体从箱子里走了出来。

"这回演奏的是呼唤偶数的音乐。"

"等一等，我猜一猜10之后出来的偶数是什么。嗯——10之后是12，12之后是14！"

"哇，你真棒，全都答对了！"

$\mid$	$\mid$	一条竖线
10	$\cap$	一个马蹄形枷锁
	?	一卷弯曲的绳索
$10^2 = 100$		
	?	一朵莲花
$10^3 = 1\,000$		
	?	一根手指
$10^4 = 10\,000$		
	?	一只蝌蚪
$10^5 = 100\,000$		
	?	一个高举双手
$10^6 = 1\,000\,000$		的人

我对自己的出色表现感到非常满意，不知不觉间，绽放出灿烂的笑容。我忽然发现，阿吉的衣服很独特，上面显示着蝌蚪和两个人高举双手的画面。阿吉见我一脸疑惑，于是笑了笑，跟我解释道：

　　"有意思吧？这是古埃及人使用的数字。蝌蚪象征着数字100 000，一个高举双手的人表示数字1 000 000。"

　　"这么奇怪啊！"

　　阿吉从抽屉里拿出了一张卡片。

　　"古埃及人是利用常见的植物和动物的形状来表示数字的。"

　　"古埃及人用一条竖线表示数字1，两条并排的竖线表示数字2，然后以此类推，数字9则由九条并排的竖线表示，而数字10用一个马蹄形枷锁来表示。""那成百上千，甚至成千上万的数字，也要用一条一条的竖线表示吗？那得画到什么时候啊！""其实不然，古埃及人用一卷弯曲的绳索来表示数字100，用一朵莲花来表示数字1 000，用一根手指来表示数字10 000，100 000则用一只蝌蚪来表示。"

　　"竟然用蝌蚪来表示数字！在当时的埃及河流里，应该有很多蝌蚪吧！古人所使用的数字与现在的数字竟然存在这么大的差异，简直是太神奇了！"我惊讶地说。

"润智，我们现在使用的数字0、1、2、3、4、5、6、7、8、9，被称为阿拉伯数字。"

"嗯，这个我知道。"

"但是你知道吗，发明阿拉伯数字的人并不是阿拉伯人，而是印度人。"

"什么？印度人？那为什么不叫印度数字，而叫阿拉伯数字啊？"

"因为这些数字的写法和用法是通过阿拉伯的商人传播到世界各地的，所以应该叫印度——阿拉伯数字才更准确一些吧。"

"在当时，不同国家都在使用不同的数字。但是，经过一段时间之后，世界各地的人们都开始使用阿拉伯数字了，因为与其他的数字表示方法相比，它使用起来最便利。阿拉伯数字根据10个数字所在的位置不同，可以表示大小不同的数字。这里所指的数字位置被称为'位'，就是因为'位'的出现，才大大减少了计算的时间，还让计算变得简单。"

"阿拉伯数字是怎么发明出来的呀？"

"印度人用木条来表示数字，用一根木条来表示数字1，用两根木条来表示数字2……其他数字稍微改变一下形状就形成了。数字0是最后发明的。"

"原来数字是这么来的呀！"

"润智，你知道什么是数学吗？"

"那谁不知道啊，就是用数字来进行加减乘除啊！"

"你这样理解的话，并不完全是数学的真正含义。数学中的'数'是'数数'的意思，但放在'学'字前面，还有表示事物道理的意思，所以数学不是单纯的计算，应该说是一门科学。"

"那就是说，计算快并不代表数学好，是吧？"

"那当然了。领悟了其中的道理，你会觉得数学更有趣！润智，你想不想到我生活的数学游戏王国去看

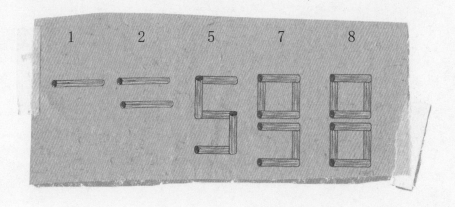

看？和我一起去马泰舅舅那儿玩？”

　　"马泰舅舅？"

　　"嗯，对啊。他是一个魔术师，住在一个锥形房顶的大房子里，如果你去玩的话，他会非常高兴的。"

　　听到"魔术师"这个词，我的眼睛一亮。看来这次旅行一定会很刺激。

　　"锥形房子在哪里啊？"

　　"不远，骑着长翅膀的长颈鹿去，一会儿就能到。"

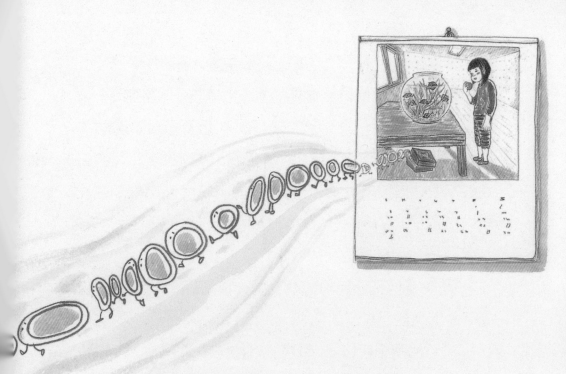

"还有长翅膀的长颈鹿？哇，好神奇啊！"

欣喜若狂的我看见阿吉房间的窗外飞来了一只粉红色燕子。

"它是舅舅的信报员。它会把发生在数学游戏王国的事情，第一时间报告给舅舅。"

正当我想象马泰舅舅会是一个什么样的人时，去补习班的弟弟润奎回来了。

"啊，肚子好饿呀！姐姐，有没有什么吃的？"

我没有回答弟弟的话，一直目不转睛地盯着日历看，于是他向我这边走了过来。

"咦？姐姐，你快看啊，日历中的人在动！"

润奎揉了揉自己的眼睛，他对眼前的一切感到不可思议。阿吉看着润奎笑了笑，再次吹起了乐器。这时，从日历中走出了一个1后面跟着100个零的数字。润奎和我都不敢相信眼前发生的一切。

"这个数字是10的100次方，也就是100个10相乘。"

"哇！还有那么大的数啊！"

我开始对那个数学游戏王国充满好奇。我紧握润奎的手，问阿吉：

"我们两个可以一起去数学游戏王国吗？"

"当然可以，快来吧！"

润奎听后拍手叫好，他把手伸向了画中的阿吉。我也向她伸出手，画中的阿吉用力拉了我们一把，我们转眼也进入了画中。我们进入了阿吉的房间，粉红色的燕子扇动着翅膀，展翅飞向了蓝天，消失在白云中。

26

出发，
开始时间之旅吧

　　我们来到了三棵形状像7的大树旁。阿吉走到树下，
这时，粉红色的燕子把叼在嘴里的信封递给了她。

　　"润智，这是马泰舅舅给你的信。"

　　"给我的？马泰舅舅怎么知道我在这里啊？"

　　"好像是粉红色的燕子把你和润奎来到数学游戏王
国的消息告诉了舅舅。"

　　信里面画有地图。

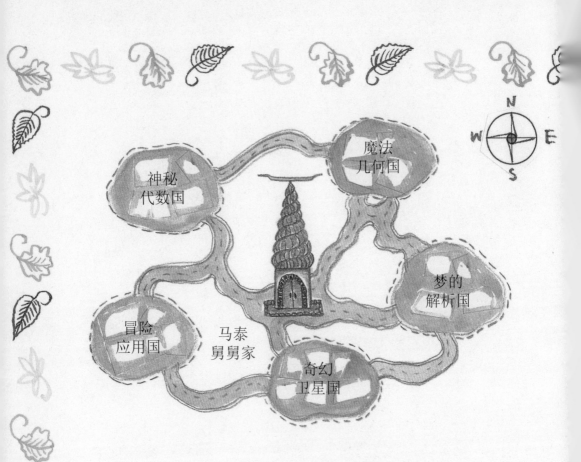

神秘
代数国

魔法
几何国

梦的
解析国

冒险
应用国

马泰
舅舅家

奇幻
卫星国

写给世界上最可爱的润智小朋
友：非常欢迎你来到数学游戏王
国！一定要和弟弟来我家玩啊！

"这是数学游戏王国的地图。马泰舅舅就住在这里。"

阿吉一边说着，一边给我们指了指地图。马泰舅舅的家位于五个游戏王国的中心地带。地图下面还有马泰舅舅写的欢迎词。

我开心极了。一句"世界上最可爱的润智"简直让我高兴得飞起来了！我恨不得马上奔向马泰舅舅的锥形房顶的大房子去看看。这时，从山丘上传来了"扑棱扑棱"的声音。山丘上出现了一只长有翅膀的长颈鹿，它高大威武地伫立在那里。阿吉吹了声口哨，那只长颈鹿便轻盈地飞到我们面前，然后趴在地上。

"大家快上来吧！"

我们在长颈鹿的背上坐好后，长颈鹿慢慢地站起身，向前走了几步，然后开始跑起来。它边跑边扇着翅膀，飞向了天空。长颈鹿每扇动一次翅膀，就会有一阵凉爽的风掠过我的脸庞。大概过了5分钟，我看到了锥形房顶的大房子。有一个人站在房子最顶端远远地向我们

挥手。

"润智，你快看，那就是马泰舅舅！"

长颈鹿缓缓地降落到房顶上。房顶上很宽敞。

"你好！"

我向马泰舅舅热情地打招呼，他见到我们非常高兴。

"小家伙们，欢迎到我这里玩啊！"

马泰舅舅的个子非常高，他脸瘦瘦的，还留了胡须，我觉得他比电视上看到的那些魔术师帅多了。马泰舅舅家的客厅非常宽敞，左边墙壁上挂着一件像卷尺一样的东西。

"舅舅，那是什么呀？"

"那是卷尺时钟。蓝色的指针是时针，黄色的指针是分针。"

时针有12个刻度；分针有60个刻度。舅舅握了握卷尺时钟的两侧，然后把它向上弯曲，转眼间变成了圆形时钟。

"圆形时钟看着更方便，和咱们家里常用的挂钟差不多。"

看到这个时钟，我的脑海里出现了一个疑问。

"舅舅，时针、分针为什么是向右转啊？"

"这是根据日晷原理设定的。很久很久以前，人们在太阳底下立一根木棍，观察木棍影子的移动位置，然后根据这个位置估计时间。太阳移动时，木棍的影子也会跟着移动，人们就是根据木棍影子的移动方向，来设定时针、

31

分针的移动方向，所以时针、分针的移动方向是顺时针方向。"

就在这时，突然传来了放屁的声音，而且连续响了6下！

"噗！噗！噗！噗！噗！噗！"

"哎哟！"

我和润奎捂着鼻子看舅舅，他慌忙地解释道：

"不是我放的！是那个时钟放的！"

我们觉得非常荒唐，明明是自己放的，还赖到时钟身上。

"咦？"

放了这么多下应该有臭味才对啊，怎么一点儿都闻不到，难道真的是时钟放的屁？

舅舅面带尴尬地低声说：

"这个时钟的确会放屁。它一到整点，就会发出放屁声，而不是'当当当'的声音。"

看来真的冤枉舅舅了。我和润奎挠了挠头，不好意思地相视一笑。舅舅脸上尴尬的表情也立刻消失了，大家都哈哈大笑起来。

"润智，我给你出一道题。这个放屁时钟在6点报时的时候，花了6秒的时间。那么，11点报时需要花多长时间呢？"

"当然是11秒了。这算什么题呀？"

"不对，你再好好想一想。"

我边用嘴巴模仿着放屁的声音边仔细地思考着。

"6点报时是即将要响6个屁声，那么所需要的实际时间是6÷5=1.2秒。而11点报时是即将要响11个屁声，所以需要的时间是1.2秒×10=12秒！"

"嘿嘿，舅舅，我刚才想得太简单了。答案应该是12秒。"

"哇！答对了，润智真是聪明啊！"

听到舅舅的称赞，我的心里格外高兴。

"姐，我肚子饿了。"

站在旁边的润奎摸着肚子直喊饿。他放学回来就说饿，一直饿到了现在，看来我被兴奋冲昏头了。阿吉带着润奎去了楼下的厨房。我跟着舅舅来到客厅右边的大理石墙壁前，我们在画有五角星的图案前停下了脚步。

黄金分割

黄金分割是正五边形的一条对角线在分割另一条对角线时，所产生的两条线段长度之比，即1∶1.618。黄金分割诞生于古希腊，因为它是最具美感的比例，所以被称作黄金分割。

"这个墙的横竖比例就是黄金分割。"

　　舅舅依次联结了五角星的五个顶点，于是就变成了一个正五边形。

　　"这是进入绿色房间的黄金分割五角星。"

　　"绿色房间？"

　　"绿色房间是时间的房间。进入那个房间之后，就可以进行一次时间旅行了。"

　　听到这儿，我对时间旅行产生了浓厚的兴趣。我

不禁伸手摸了摸那个神奇的五角星，这里好像充满了魔力，它的背后一定是一个精彩纷呈的世界。

　　我依次按了正五边形的顶点，这时，坚硬的墙壁突然变得像泥土般绵软。当我按到最后一个顶点时，我的手竟然可以伸到墙壁里去了。紧接着，腿和头全部被吸了进去。

　　穿过墙壁后，我发现自己来到了绿色房间。整间屋子里到处都是绿色，虽然没有窗户，但却非常明亮。这里好像没有人，只看得见摆在地板上的一排排的黄金马。我感到非常迷惑，向后看了看马泰舅舅，发现他正在聚精会神地望着天花板。我也好奇地瞧了瞧。原来天花板上有一尊非常可怕的雕像，它好像马上就要掉下来一样。我吓得急忙向后退了一步。马泰舅舅笑着点了点头，暗示我不要害怕。我努力使自己平静下来，抬头仔细观察那个雕像。雕像的外形像人，背上长着一双翅膀，右手拿着一把锋利的镰刀。突然，那个雕像动了

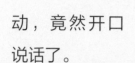

动，竟然开口
说话了。

　　"我是时间
神克罗诺斯。你
要选择地板上的
任意三匹马，并
且这三匹马中的任
意一匹马只允许挪动
一次，使地板上的每个
横竖方向上都只有三匹马。如
果你能做到的话，这个房间就
会动起来的。"

　　"房间会动？只要每个
横竖方向上都是三匹马就可以
吗？"

我半信半疑，但还是决定按照克罗诺斯的话去做。我试着动了动马，发现看起来很简单，可要想正确挪动，还真不容易。我仔细观察了半天，终于想到了方法。

"啊！这匹马可以这样移，然后那两匹马那样移就可以了。"

我挪动了三匹马，使每个横竖方向上都是三匹马。就在这时，空白处出现了数字，还有各种数学符号和英文字母。这时克罗诺斯又说道："按你想走的路线过去吧！"

我踩了几个字母和数字。房间果然开始旋转了，转了三四圈之后，开始向下移动，速度也越来越快了。不过我没有感到一丝恐惧，也没感到头晕，就像是坐电梯一样。过了一会儿，房间停止了旋转，又有一道门打开了。

《麦比乌斯圈Ⅱ》，毛里茨·科内里斯·埃舍尔，
1963年，木版画。

40

埃舍尔的画室

就在这时，眼前出现了一间画室。这里有很多我从未见过的神秘的画。角落里有一位画家正在画画。我问马泰舅舅：

"舅舅，这个人是谁呀？"

"他叫埃舍尔，是荷兰的画家，出生于1898年，去世于1972年。"

"什么？那现在画画的这个人就是鬼了？"

"不是的，你刚才踩的是什么来着？"

"是A.D.1960。"

"这是公元1960年的意思，A.D.是公元的英文缩写。我们现在来到了1960年。"

"啊？真的吗？"

我竟然在数学游戏王国中遇见很早以前的画家了，真是做梦也没有想到啊！可能是我们的谈话影响到了埃舍尔画画，他回过头看了看我们，发现我和马泰舅舅后，便站起身来，手里拿着刚刚完成的画向我们走来。我和舅舅看了看那幅画，发现里面竟然是很多蚂蚁在一个铁丝网上乱爬。

"哎呀！这是什么画呀？"

"这是利用麦比乌斯圈创作出来的。"

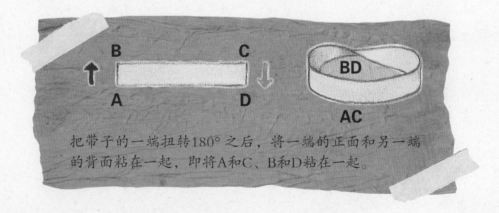

把带子的一端扭转180°之后，将一端的正面和另一端的背面粘在一起，即将A和C、B和D粘在一起。

"麦比乌斯圈？"

我摇了摇头，完全不知道舅舅在说什么。马泰舅舅又详细地为我做出了解释。

"把长条形的带子扭转一次，与另一端粘在一起，形成了一个圈。因为这是德国数学家麦比乌斯发现的，所以就以他的名字命名为麦比乌斯圈。这个圈里外没有区别，也分不出来哪儿是起点，哪儿是终点，所以它很奇怪。"

"那就是说，假如没有麦比乌斯这位数学家的话，就画不出这幅画了？"

"那当然了。在画画时，数学也起到了非常大的作用，会经常使用直线、曲线、三角形、圆、椭圆等。不仅如此，远近、比例、构图等更离不开数学。画家在画画时，经常应用几何学，需要进行计算的情况也有很多。美术和数学可以说是形影不离的好朋友。"

令我感到意外的是，数学竟然还可以应用在美术方面，真是不可思议。我一直以为数学和美术是两个毫不相干的学科，原来这种想法是错误的。

《天使与魔鬼》，毛里茨·科内里斯·埃舍尔，1960年，木版画。

埃舍尔向我们指了指挂在左边墙壁上的作品。黑色部分是长得像蝙蝠一样的恶魔，而白色部分是善良的天使。黑色恶魔和白色天使由内至外变得越来越小。一直看着这幅画，我突然感到头晕目眩。

44

"这个作品是利用数学的分形理论创作出来的。"

"分形？那是什么呀？"

"你想象一下闪电，从大闪电中会分离出小闪电，这个小闪电又会分离出更小的闪电，是不是这样啊？小闪电叠加在一起也会形成巨大的闪电。如此一来，简单的形状通过不断的反复叠加就形成了整体形状，这就叫分形。所以，分形是指某一个部分拥有和整体一样的结构。我们吃的蕨菜、西蓝花、生菜等蔬菜中也具有分形结构。不仅如此，人的大脑、孔雀的羽毛、雪花、植物的根须中也都具有分形结构。"

埃舍尔从脖子上摘下一串项链，递给我说：

"这是我送给你的礼物，就当是你访问我的画室的纪念礼物吧！"

"哇！"

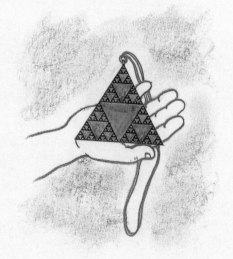

我高兴地欢呼着。真没想到我竟然在我从未见过的地方还可以收到礼物！我把项链捧在掌心里，仔细端详

着它，发现这是个三角形，三角形里有比它小一点的三角形，还有比它更小的三角形。这些小三角形组合成了一个大的三角形。我想，这应该就是分形吧。

埃舍尔帮我把项链戴到了脖子上，问道：

"这是分形三角形项链。喜欢吗？"

"嗯！我非常喜欢。"

"这项链可不是普通的项链，而是魔法项链。看到中间的三角形镜子了吧？只要一按镜子背面，镜子就会发射出生命之光，无论是什么东西被这个光射到都会变得富有生命力。"

"什么？是真的吗？"

我有些将信将疑，看着手里这块神奇的镜子，轻轻地按了下镜子背面，果然镜子里面发射出一道强烈的光。我把那道光照在了之前那幅画中最上方的一只蚂蚁上，那只蚂蚁动了动，随后就从画中爬了出来。它沿着墙壁爬到地板上，然后从我的脚爬到了我的手指上。

"呜哇！"

《昼与夜》，毛里茨·科内里斯·埃舍尔，1938年，木版画。

埃舍尔走到对面的墙壁，在一幅作品前驻足观望。我也走过去看了看那幅画。

　　画中描绘的是黑鸟和白鸟交错着向相反方向飞的景象。黑鸟之间的空隙成了白鸟，白鸟之间的空隙就成了黑鸟，而那些离地面近的鸟儿们则变为了田野。图画两侧的河、桥、树与房屋都是对称的。真是越看越神奇。

　　"埃舍尔叔叔，这到底是怎么回事啊？"

　　"这个作品是利用棋盘形嵌石饰画的。"

　　"什么？"

　　"是指不会互相重叠或留下空隙而覆盖平面的同一个图形所构成的重复性图案。常使用移动（平移）、旋转（旋转移动）、翻转（反射）等方法。"

　　埃舍尔一边在纸上画，一边为我详细地解说。

　　"移动是指把图形按一定距离进行挪动；旋转是指以一个点为中心转动图形；翻转就是像被镜子反射一样，翻成的图形和原来的图形对称。我们刚才看过的《天使与魔鬼》作品中就使用了棋盘形嵌石饰。你仔细看一看。"

"哪儿有啊？"

我赶紧重新看了看《天使与魔鬼》，以这幅画的中央为中心，魔鬼和天使都是按照120°旋转着。我画了一条穿过中心点的直线，发现直线两侧的图形竟然对称。魔鬼和天使这两种图案覆盖了整个画面，没有一处是重叠的，更没有一点点的空隙。

"哇，真的是这样啊！"

"除了这幅画以外，浴室的浴巾、瓷砖、围裙、桌布上的花纹等，大部分都是利用棋盘形嵌石饰制作的。"

现在看来，在我们的日常生活中，用到数学的地方还真是不少！我突然觉得数学也没有我刚开始想象的那么难了。我继续沿着墙壁欣赏了其他的作品，这里还有很多特别的画。

这回我看的是一幅名为《瀑布》的画。从高处流下的水流流向W形状的水渠里。有一位大婶在晾着刚洗完的衣服，一个孩子正趴在栏杆上望着我。我赶紧按了一下镜子的背面，把镜子发射的光射向了那个孩子。不一会儿，画中的那个孩子向我招了招手。

我急忙把正在窗边欣赏画的马泰舅舅叫了过来。

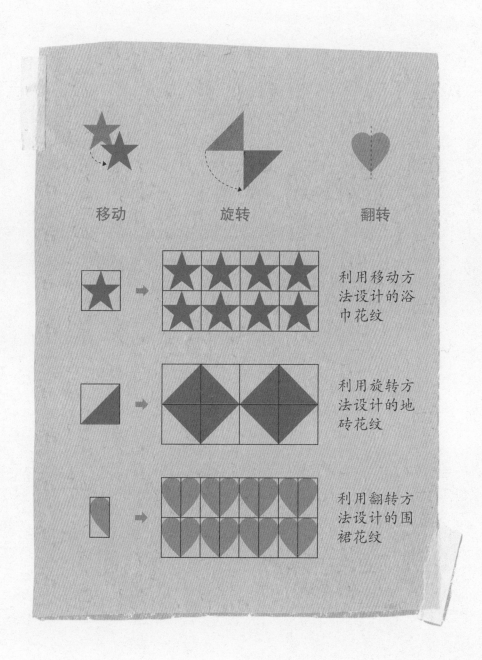

移动　　　　　旋转　　　　　翻转

利用移动方法设计的浴巾花纹

利用旋转方法设计的地砖花纹

利用翻转方法设计的围裙花纹

51

《瀑布》，毛里茨·科内里斯·埃舍尔，1961年，石版画。

"舅舅！你快过来看呀！"

舅舅来到了画前，等到他看这幅画时，画中的孩子和大婶都已经消失不见了。

"润智，你来到这里开心吗？"

"我非常开心。你看，我还收到了项链呢。啊，对了，舅舅，如果我们回到绿色房间的话，还可以去见一见其他年代的人吗？"

"当然可以了，数学家泰勒斯、毕达哥拉斯，他们都可以见到。不过，克罗诺斯每次出的题都不一样哦！有的问题还非常难，不好解开。况且，我们还不知道会去哪一个时代，见到哪些人。"

"原来要想进行时间旅行，首先得把数学学好啊！"

舅舅笑着摸了摸我的头，然后向我招手示意快点儿跟上来。

"我们现在回去吧，润奎和阿吉都等半天了。"

美术和数学是好朋友

　　美术在很久以前就与数学紧密相连，它们之间相互影响，就像数学家麦比乌斯影响着画家埃舍尔一样。这种情况一直延续到今天。埃舍尔相信，美是在具备数学秩序和规则的前提下才可以体现出来的。因此，在他的作品中，我们不难发现数学原理。他利用了左右对称、平面和立体空间、麦比乌斯圈等原理，创造出了上下左右颠倒、突出

《大碗岛的星期日下午》，乔治·修拉，1886年，油彩。

位置和远近感不同的各种神秘作品。

　　不仅是埃舍尔，还有列奥纳多·达·芬奇、米开朗基罗·博那罗蒂、雷尼·马格里特、乔治·修拉、巴勃罗·毕加索、彼埃·蒙德里安、瓦西里·康定斯基等很多画家都在自己的作品中应用到了数学原理。

　　我们来看一看乔治·修拉的作品吧！他在1886年完成的《大碗岛的星期日下午》中体现了线是由无数个点构成的，面是由无数条线组成的，立体图形是由一个或多个面围成的。

　　蒙德里安完美地运用线、图形，完成了很多优秀美丽的作品。我们一眼就能看出它们是在数学课上常见的图形吧？蒙德里安说过："美术，除了比例和均衡以外，别无其他。"他在线、图形和色彩上赋予其象征性的意义，并且利用这些要素在画布上展现了"宇宙均衡的现象"。比例和均衡在数学领域也是非常重要的要素。

　　你们说说看，美术和数学是不是好朋友呀？

刻有图形的阿基米德墓碑

　　从马泰舅舅家的窗户向外望去，我可以看到一片茫茫的草原，天空中飘着宛如羊群一般的白云，小鸟叽叽喳喳的歌声萦绕在我的耳畔。我闭上眼睛，深深地吸了一口清新的空气，感受清风如妈妈的手轻轻地抚摸着我的脸庞。

　　我正在想着妈妈时，突然听到了咕噜咕噜冒泡的声音。我睁开眼睛一看，马泰舅舅正在给鱼儿们喂食。原来我已经来到了水族馆。

　　"润智呀，你是不是还想进行一次时间旅行啊？"

　　"嗯！"

　　"这回跟阿吉一起去吧，我要准备一下魔术演

出。"

　我和阿吉进入了绿色房间，这次映入眼帘的是铺在地上的瓷砖。克罗诺斯放射出一道强烈的光，照在地上，瓷砖上竟然出现了字。克罗诺斯用他那双炯炯有神的眼睛看着我们，说道：

"这是一个组字游戏，你们随意挪动瓷砖，使它们组成几句通顺的话。如果你们的结果和我的答案一样的话，你们想去哪里我都会如你们所愿！"

间	还	问	奇	乐	游
的	力	间	发	想	象
数	数	数	时	开	心
是	旅	为	什	么	由
是	提	是	戏	自	出
学	学	学	行	好	？

我看了看瓷砖上的每一个字，先组成了词组：

开心、自由、想象、发问、数学。

我左思右想，弄了半天，然后又打乱了顺序，而阿吉却在一旁捧腹大笑。

"哈哈哈，你拼的这是什么呀？"

我再次看了看瓷砖，真想不出克罗诺斯的答案到底是什么。

"阿吉，你觉不觉得这个游戏和数学有关呢？"

心	是	还	奇	想	自
为	数	学	是	象	心
什	数	学	是	行	由
数	学	好	出	时	问
旅	开	戏	提	是	发
么	游	间	力	的	？

"是啊，好像没错。"

我又重新组了新词组：

提问、好奇心、时间、什么、游戏。

阿吉也说出了自己想到的：

"旅行、出发、自由。"

我听着阿吉说出的词组，忽然灵机一动。

"阿吉，这个绿色房间是什么房间呀？"

"什么房间？当然是开始时间旅行的地方了。"

"对了，就是它！"

被阿吉这么一提醒，我茅塞顿开，欣喜若狂地重新排列了字的顺序，然后我和阿吉把它们大声地念了出来。随着我们每念出一句话，房间左右摇晃

数	学	是	想	象	力
数	学	是	好	奇	心
为	什	么	？	提	问
数	学	是	自	由	还
是	开	心	的	游	戏
出	发	时	间	旅	行

的频率也越来越快。直到几句话都念完之后，右边墙壁上突然出现了很久以前就去世的数学家们的面孔。房间旋转的速度越来越快了。

克罗诺斯瞪大眼睛说："你们用手按一下之前想见到的数学家吧！"

阿吉选择了一位鬈发男人。于是，房间旋转的速度更快了，而且在向下移动着。过了很长时间，也没有停下来。

　　看着房间像电梯一样一直往下走，丝毫不想停下来，我心里有些害怕。

　　"阿吉，照这样下去，我们很有可能会回到恐龙生活的时代了，那可怎么办呀？"

　　"还能怎么办啊，我们一定会成为霸王龙的盘中餐！"

　　阿吉说完咯咯咯地笑了，这个家伙一定又是在笑话我胆小呢。可是，我的心里的确是越来越焦虑不安。就在"哐当"一声之后，房间终于停止了旋转。

　　我们急忙打开门跑了出去。

　　出现在我们眼前的是古代西方国家的一座城市，街上到处都是卖东西的小店铺和小摊位，而我和阿吉正站在马路的一侧。马路对面有一个大众澡堂，我俩被眼前的一幕吓得目瞪口呆。一位光着身子的男子"哐"的一声推开澡堂门跑了出来，他在热闹的大街上乱冲乱撞。路边的行人都驻足看着这个赤裸裸的男子。不过，他毫不理会人们的目光，继续向前奔跑着。

他边跑边喊道："尤里卡！尤里卡！"

阿吉急忙拍了拍我的肩膀说：

"阿基米德！我刚才选择的人就是阿基米德！"

"是吗？那我们赶紧跟上去看看！"

阿吉拉着我急匆匆地跟了上去。阿基米德经过胡同，回到了自己的家，我们也跟着跑了过去。他好像正专心地思考着什么，并没有看到我们进来。阿基米德的房间里摆放着一张木桌，上面放着天平和皇冠，旁边还有金块。阿基米德拿着这些东西，直奔到水桶前。他把这些东西放入水中，然后又捞了出来，就这样反复几次之后，他的脸上出现了淡淡的笑意。

"终于明白了。我的想法果然没有错！"

阿基米德好像发现了什么似的，高兴得不得了。这时，他才发现了我和阿吉，急忙穿上了衣服。

阿吉跟阿基米德打了声招呼。

"您好！"

阿基米德也笑着跟她打了招呼。

"您刚才为什么从澡堂里跑出来呀？"

"因为我发现了一个惊奇的事实，那就是浮力原理。"

"浮力？"

"浸在水中的物体所受到的力的向上的大小等于该物体所排开的水的重量，而物体受到的这个力就叫浮力。物体之所以会浮在水中，就是因为有浮力的存在。"

我看了看放在木桌上的皇冠，只见它闪闪发光，看起来非常华丽。

"哇，真漂亮，这是谁的呀？"

"是赫农王的。他让我分析这个皇冠中除了黄金以外，有没有掺杂其他的物质。我发现这个皇冠中的确含

有其他的物质。"

"您怎么知道？"

"我刚才在天平的一侧放上了皇冠，在另一侧放上了同样重量的金块，然后把它们同时放进了水中。但我发现皇冠所在的盘子稍微向上倾斜，你们知道这是为什么吗？"

我一言不发，只是眨了眨眼睛看着他。阿基米德笑着说："就是因为皇冠中掺杂着其他物质啊！假如皇冠是由纯金制造的话，那么它们应该保持平衡才对。"

我点了点头，无意中看到木桌上有一幅画，画中的很多圆柱里分别装着与其高度相同的球和圆锥体。

"这是什么画呀？"

"这就是我研究了很长时间的东西，今天终于知道圆柱体、球体和圆锥体之间的体积比了。"

"您是怎么知道的呀？"

阿基米德拿来了和画中一样的圆柱体、球和圆锥体，然后在透明的圆柱体里灌满了水。

"在这个灌满水的圆柱体里放入球的话会怎么样呢？"

"水当然会溢出来了。"

"好，那你亲自试一试吧。"

我把球缓慢地放到了圆柱体里，果然不出所料，水溢了出来。阿基米德拿出球，并把球上沾的水滴回到圆柱体里，发现圆柱体里只剩下原来的三分之一的水。

"看到了吗，减少的水量就等于球的体积。"

"哦！就是说，溢出去的水量就是球的体积？"

"是的，溢出去的水量是圆柱的三分之二，所以圆柱体和球体的体积之比就是3：2。"

"原来，求圆柱体和球体的体积比的公式就是这样得来的呀！"

阿基米德在圆柱里又灌满了水，这回缓慢放进去的是圆锥体。拿出圆锥体后，并把圆锥体上沾的水滴回到圆柱体里，剩下的水是原来的三分之二，溢出来的水量是圆柱体体积的三分之一。

"啊！我知道了，圆柱体和圆锥体的体积之比是3：1。也就是说这几个高度相等的圆柱体、球体和圆锥体的体积之比就是3：2：1。"

66

"哦，你真聪明，回答得完全正确。"

"呵呵，哪儿有啊！"

以前我几乎没听谁说我聪明，可我来到数学游戏王国之后，已经听到过很多次了，要知道我的数学成绩是很差的。所以听到人家夸奖我，我心里真是高兴得不得了。从埃舍尔的画室回来之后，我知道数学虽然有点儿难，但却非常有趣。

阿基米德看着这幅画，入神地说：

"我对这些图形进行了很长时间的研究。我非常喜欢这些图形，等我过世后，真希望有人能把这些图形刻在我的墓碑上。"

这时从外面传来了房屋倒塌的声音。我们立刻惊慌地跑到外面，看看发生了什么事。只见大街上的人正在到处乱跑，还大声呼喊道：

"罗马军队来了，大家快逃啊！"

不远处，罗马军队正向我们逼近。

阿吉急忙说道：

"不好，战争要爆发了。为什么偏偏在我们到这里的时候爆发战争呀？真是的，润智，弄不好我们会葬身于此的。"

听到阿吉这么一说，我的心不由得咯噔一下。

"快跑吧，罗马军队来了！"

我跟阿基米德说了很多遍，可他却好像没听见一样，对我置之不理。他从木桌上拿起木条，慢慢地走到了屋外的空地上。空地上的沙子被阳光照射得格外耀眼。阿基米德坐在台阶上，用木条在沙子上画三角形、四边形、圆形、圆柱体、球体、圆锥体……画了各种

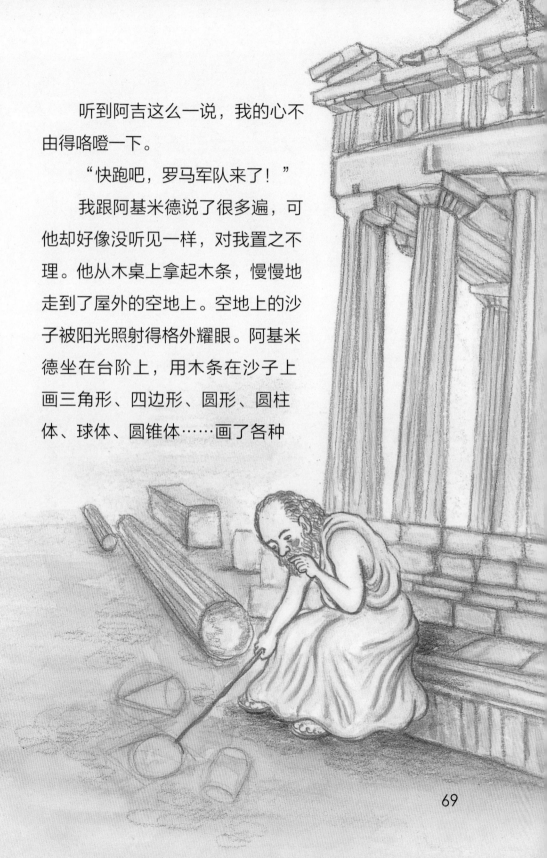

图形之后，他开始进行计算。

　　这时，一个戴着头盔的大个子罗马士兵气喘吁吁地从外面闯了进来。我和阿吉见此情形，害怕地躲了起来。罗马士兵走到阿基米德面前，用力地抓住他的肩膀，试图强行把他押走。

　　阿基米德甩开罗马士兵的手，愤怒地说："不要妨碍我，走开！"

　　怒气冲天的罗马士兵拔出了身上的剑。我和阿吉都感到非常害怕，不知如何是好。

　　"阿吉，怎么办呢？"

　　罗马士兵把剑指向阿基米德，对他进行威胁，然后抓住他的衣服，再次试图把他押走，可阿基米德依旧顽强地反抗。这回，暴怒的罗马士兵把剑狠狠地刺进了阿基米德的腹中。

　　"啊，不可以！不可以！"

　　我想跑过去救阿基米德，可阿吉却紧紧地抓住我的手，拦住了

我。阿吉用颤抖的声音低声对我说:

"我们现在过去等于白白送死!"

罗马士兵靠在墙上,用脚踢开了鲜血淋漓的阿基米德。阿基米德终于倒在了地上,之后再也没有起来。罗马士兵见阿基米德没有了反应,才转身离去。

我和阿吉急忙跑到阿基米德的身边,只见地上那些图形都被血染成了红色。不管我们怎么呼唤他,他都没有睁开眼睛。阿吉跌坐到地上，大声地哭了起来。我紧紧握住阿基米德那双冰凉的手。

　　不知过了多久，许多罗马士兵拥了进来将我们包围了，我们失去了逃跑的机会。我吓得直哆嗦。

　　这时，一个头戴金盔的罗马将军走到我们身边。这个将军一言不发，只是看着死去的阿基米德。我感到有些奇怪，他与其他的士兵不同，似乎是在为阿基米德的死去而感到悲伤。随后，他拿出自己的手帕，把阿基米德脸上的血迹擦干净。

　　"我是罗马军队的指挥官马塞勒斯，虽然我是以敌军的身份闯入叙拉古的，但我一直以来都非常敬仰阿基米德。"

听完马塞勒斯的话之后，我的心轻松了许多。然后，他亲自把阿基米德的尸体搬到了马车上。

"你们也跟我一起去吧，给阿基米德立一块墓碑。"

我和阿吉坐着马车来到了一座小山丘上。海风轻轻地从我们身边吹过，仿佛阿基米德的灵魂还在这里游荡。就在这座小山丘上，我们埋葬了阿基米德，并在他的墓前立了一块墓碑。我在墓碑上画了图形，阿吉则用锤子和凿子按照我画的画把它们刻了出来。我摸着墓碑，望着天空，天空中的云就像被红霞染成的布一样随风飘荡，远处的鸟儿飞翔在一望无际的大海上。

我在心里默念：阿基米德，一路走好！

数学可以帮助科学

阿基米德是一位伟大的古希腊哲学家、数学家、物理学家，还是一位发明家。他最著名的发明就是"螺旋抽水机"，主要用于灌溉农田，据说这个装置目前依然在埃及使用。

在布匿战争时期，叙拉古人利用阿基米德发明的超重机击毁了罗马军队的舰队；利用投石器击退了翻越城墙的罗马士兵；利用由凹面镜组装成的巨大六角形镜子反射太阳光，烧毁了罗马舰队。

另外，阿基米德还利用滑轮装置轻松地吊起了许多沉重的船。或许你并不觉得这些发明有什么伟大之处，但是在2 200多年前，这些发明可以说具有划时代的重要意义。在这些发明中，人们可以看到数学对发明创造和科学发展起到了至关重要的作用。如果阿基米德不了解数学，他肯定发现不了杠杆原理，就连浮力原理恐怕也很难发现。

发现浮力原理之后，阿基米德兴奋地跳出澡盆，连自己没有穿衣服的事情都忘得一干二净。他一边跑出澡堂，还一边大声喊道："尤里卡（古希腊语，'我知道了'的意思）"。可见他对科学的痴迷程度。

呀，润奎变成了
一只小猫

"姐姐，我也想去看看。"

阿吉好像把我们去古希腊旅行的事情偷偷告诉了润奎。这时，阿吉在一旁添油加醋地说：

"是啊是啊，快带我们去看看吧！"

我觉得阿吉比我更喜欢时间旅行。

通过黄金分割墙，我们进入了绿色房间。但没有见到克罗诺斯，只见到地板上的一些英文字母。润奎踩着地板上的一些英文字母走到了对面。他踩过的字母都变成了红色，然后房间又开始逆时针飞速旋转，并极速下降。

"润智，刚才润奎踩的那些字母都是什么来着？"

"Descartes，但这是什么意思呀？"

"笛卡尔！他是法国数学家，我们现在正去往笛卡尔生活的16世纪。"

过了很长一段时间，房间终于停止了旋转。我们推开门，眼前出现了一条走廊，沿着走廊可以看到病房。走廊的搁板上摆放着各种颜色的玻璃瓶，里面好像装着美味的果汁，颜色十分诱人。润奎好奇地摸了摸那些玻璃瓶，拧紧了瓶盖，还把玻璃瓶倒过来摇了摇。我和阿吉来到走廊的尽头，发现那里有间病房的门没有关紧，我们从门缝中看到一张木床，床上躺着一个人正在望着天花板。他那乱蓬蓬的头发一直拖到脖子上，他的脸色非常苍白。

"润智，他就是笛卡尔。"

悄悄跟上来的润奎探出小脑袋看了看病房。

笛卡尔看到我们在门口，招手让我们进屋。

"您好，我是润智，她叫阿吉。"

笛卡尔点了点头，然后用手指了指天花板。原来，在有棋盘图案的天花板上有一只苍蝇。

"那只苍蝇像不像一个小黑点？"

这时，又飞来了一只苍蝇。看着天花板上的两只苍蝇，笛卡尔用手指做出了画线的动作。

"像我这样，连接一下这两只苍蝇。"

我也像笛卡尔一样，用手指连接了那两只苍蝇，结果形成了一条笔直的直线。接着，又飞来了一只苍蝇。

"这回把三只苍蝇都连接起来吧！"

按照笛卡尔的话，我用手连接了三只苍蝇，结果形成了一个面，而且是三角形平面。我们继续望着天花板，这时一只苍蝇"嗡"的一声飞走了。那只苍蝇飞的速度极快，到处飞来飞去，最后落到了我的脸上。我飞快地甩手去打脸上的苍蝇，可谁知狡猾的苍蝇还没等我的手落下，它就逃之夭夭了。结果那重重的一巴掌打在了我自己的脸上，疼得我哇哇大叫。不一会儿，它又落到了我的脸上，我用比刚才更快的速度向苍蝇拍去，可

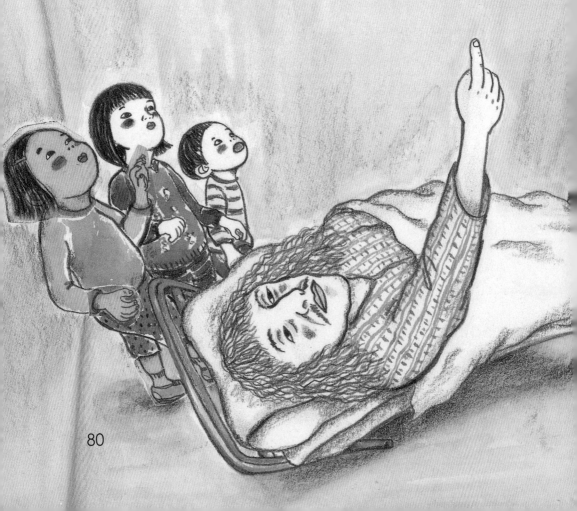

苍蝇飞行的速度似乎也比刚才快，立刻飞到了天花板上，然后得意地盯着我，好像是在故意气我。我非常气愤，加上刚才拍得过猛，脸上感觉火辣辣的。我紧咬着嘴唇，看了看那只可恶的苍蝇，然后从裤兜里拿出了皮球，用力地扔向那只苍蝇。球"砰"的一声扔到天花板上，又反弹回来，一下子砸到了我的鼻子上。

"哎哟！"

我感觉自己的鼻子都酸了，真倒霉！我揉了揉鼻子。笛卡尔在一旁笑了笑，阿吉也发出了嘻嘻的声音。

"不过，小家伙们，你们知道什么是点吗？"

"点就是点啊，还能是什么？"

"数学中的点没有大小，只有位置，这是非常重要的。"

一个小点有什么大不了的，我真是无法理解笛卡尔的话。

"数学是以最基础的部分为出发点，即从一个点、一个数为基础发挥想象力的一门学科。"

笛卡尔再次指向了天花板。

"我刚刚找出了可以简单表示那只苍蝇位置的方法。在天花板的横竖方向上，按一定间隔写上数字（水平方向上的数，垂直方向上的数），然后找出苍蝇对应的数字就可以了。你在这张纸上画一画吧！"

81

我在那张纸上开始画图，分别在横竖方向上写上"1、2、3、4"，然后就可以确定，现在苍蝇所在的位置是点（4，4）。

　　"你画的这个就是坐标。坐标是指用数或数对表示在平面或空间上的点的位置。用 X 和 Y 表示的直线称为坐标轴，分别称为 X 轴和 Y 轴。两个坐标轴相交于某个点，这个点就叫原点。这个不起眼的小苍蝇所在的位置竟然隐含着惊人的数学奥秘，你们不觉得很神奇吗？"

　　有了笛卡尔所说的坐标轴，果然一眼就可以看出苍蝇所在的位置。我又看了看天花板，发现每当苍蝇移动时，点的位置就会发生改变，苍蝇们组成的三角形形状也在变化着。通过小小的苍蝇移动位置竟然能够发现新的数学原理，听起来让人难以相信，但又觉得很有趣。

　　"阿吉，我们在围棋盘或象棋盘上的横竖线上分别写上数字，用坐标表示棋子所在的位置应该很有意思，你觉得呢？"

"嗯，这是个好主意。下棋的同时，还可以学习数学。"

　　我看着坐标图对笛卡尔说："叔叔，多亏了您，我才知道像三角形一样的图形也可以用数字来表示。"

　　"是吗，大部分人都认为数字就是数字，图形就是图形，两者互不相干，但事实却并非如此。数字、图形，等等，它们都是相互紧密联系着的。就像胳膊和腿，还有头和心脏等器官一起构成完整的身体一样。"

　　这时，又有一只苍蝇飞到了我的鼻子上，我以闪电般的速度向那只苍蝇拍去。

　　"哎呀！"

　　我又失败了，苍蝇再次飞到了天花板上。它飞到了坐标（4，4）的点上盯着我看，看到我狼狈不堪的样子，好像在幸灾乐祸。我和它对视了半天，这时从走廊里传来了润奎的尖叫声。

　　"咦？润奎什么时候出去的？"

　　我和阿吉马上跑到走廊里。只见搁板上的玻璃瓶摔到了地上，碎玻璃到处都是，润奎趴在地上痛苦地呻

83

吟着。

"润奎，你怎么了？"

"姐姐，我觉得我的身体很不舒服！有种奇怪的感觉！"

润奎手里攥着一个瓶盖，那是玻璃瓶的瓶盖，里面本来装的是红色液体，现在瓶子里的液体却没有了。跟在我们身后的笛卡尔捡起了几片碎玻璃，焦急地说道：

"这个玻璃瓶里原来装有变形液体，是军人们在战争时期制造的，是一种非常可怕的液体。"

喝过红色液体的润奎，身体开始出现异常。他的皮肤变成了红色，还长出了很多毛。他手脚变短，背部也变得弯曲，脸上还长着猫胡子，最后变成了小猫的模样。

"润奎！润奎！"

润奎浑身发抖，眼神迷茫。

"阿吉，这该怎么办呀？"

阿吉也非常着急，慌张地说："我们赶快回去吧！马泰舅舅也许会有办法的。"

我抱着润奎回到绿色房间，房子开始向上旋转，速度也越来越快。

"润奎！润奎！"

我抱着润奎大声哭了起来。润奎继续变化着，等我们回到马泰舅舅家时，他已经完全变成了一只小红猫。

好奇心和观察力非常重要

笛卡尔是法国著名的哲学家、数学家，因幼年时体弱多病，所以他得到校长的允许，可以上午在家休息，下午去学校上课。有一天，他躺在床上发现了一只飞到天花板上的苍蝇，好奇的笛卡尔便开始仔细观察那只苍蝇。笛卡尔幼年时期的这种好奇心和观察力对他日后发现坐标轴起到了至关重要的作用。

以前，几何学一直都是一门研究图形性质的学科。后来，笛卡尔创造性地把几何问题转换成了代数问题，并研究出了新几何学，被称为坐标几何学（解析几何学）。图形分析和代数之间建立了联系后，人们就可以运用数学符号来表示图形，于是，数学从这一时期开始得到了极大的发展。这都归功于仔细观察苍蝇的笛卡尔！

笛卡尔发现的坐标都应用在哪里了呢？举一个最典型的例子——地图。我们看世界地图时，不难发现地图上画有很多横竖线，横线称为纬线，竖线称为经线。正因为地图上有了经线和纬线，我们才可以轻松地找出各个国家和城市所在的具体位置。

　　此外，在汽车、船舶、飞机上安装的全球卫星定位系统（GPS）也运用了坐标轴。我们在车的导航仪上输入目的地后，人造卫星会把汽车的位置和目的地的相关数据传给导航仪，汽车导航仪再把这些数据转换成坐标，并显示在屏幕上，继而为我们提供行车路线。

回答森林女神
提出的问题

　　马泰舅舅看见润奎的样子非常担心，他想了想说："魔法森林里有非常神奇的泉水，只要喝了那里的泉水，润奎就可以变回原来的模样。不过，魔法森林广阔无边，凭你们自己的能力是绝对不可能发现那泉水的。但是，有一个人知道那泉水的所在地，她就是森林女神。"

　　舅舅告诉了我们去魔法森林的路，并指了指窗外飞来飞去的海荣，让我们带它一起去。海荣是马泰舅舅制

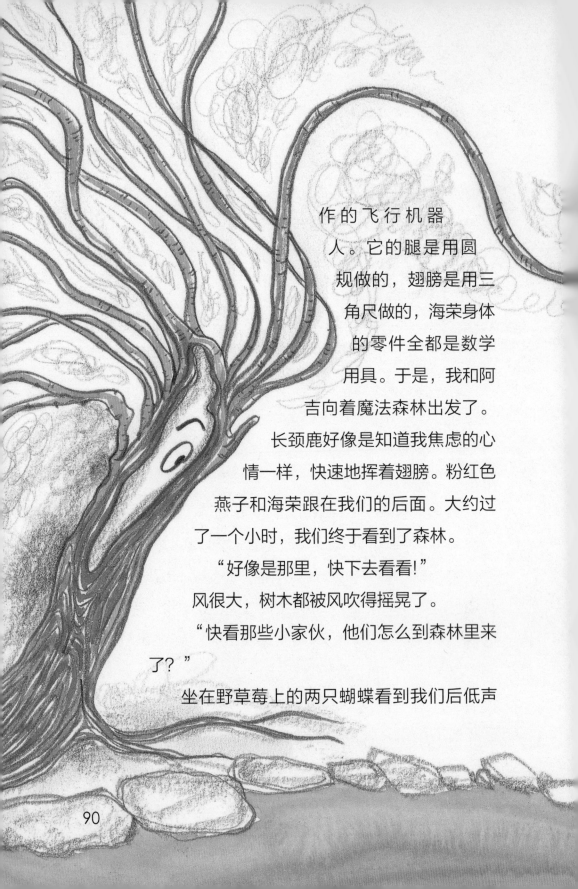

作的飞行机器
人。它的腿是用圆
规做的，翅膀是用三
角尺做的，海荣身体
的零件全都是数学
用具。于是，我和阿
吉向着魔法森林出发了。

长颈鹿好像是知道我焦虑的心
情一样，快速地挥着翅膀。粉红色
燕子和海荣跟在我们的后面。大约过
了一个小时，我们终于看到了森林。

"好像是那里，快下去看看!"

风很大，树木都被风吹得摇晃了。

"快看那些小家伙，他们怎么到森林里来
了？"

坐在野草莓上的两只蝴蝶看到我们后低声

细语着。

　　这是一片充满神秘色彩的森林，树木、花草、昆虫们都会说话。长发飘飘的古木不解地向我们问道：

　　"你们是谁呀？来这里做什么？"

　　"我们是来见森林女神的。"

　　古木听完我们的话，指了指山谷。只见雾蒙蒙的山谷那边隐约有一个球状岩石。我们走近一看，那个岩石长得像人的头部一样，而且还动了动。随后，从岩石中传出了一阵温柔的女声。

　　"你们为什么要到森林里来啊？"

　　"我们是为了得到魔法泉水才来到这里的。请您帮帮我们吧！"

　　正说着，那个岩石突然放射出紫色的

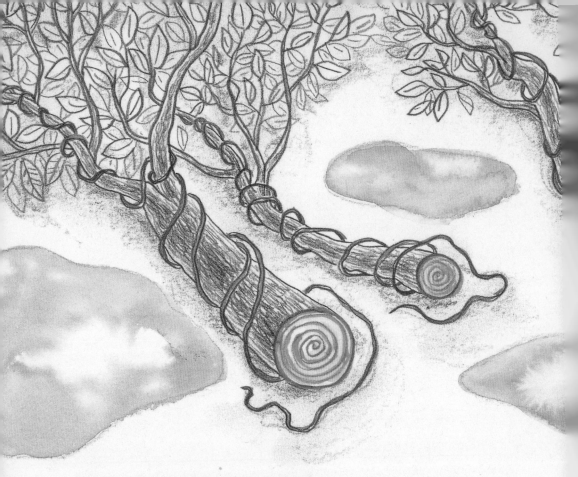

光芒，岩石的表面还出现了文字：

求圆的周长公式，求圆的面积公式。

那个岩石接着说道："请你们利用森林里的泥土和植物计算出圆的周长、面积公式，并把公式写到这里。如果你们的答案正确，我就告诉你们泉水所在的位置。不过有一个前提条件，必须要靠你们自己的实力，不许依靠他人的帮助！"

看到这样一道奇怪的题目，我的大脑一片空白。利用泥土和植物怎么才能知道公式呢？

　　阿吉深深地叹了一口气，走向长满蘑菇的山坡。我也漫无目的地走在山谷旁的小路上。走了一会儿，眼前出现了一片宽敞的空地，空地上有很多水坑，每当风吹过时，水坑里都泛起一道道波纹。水边还有很多被砍倒的大树，它们横七竖八地躺在地上。被葛藤缠绕全身的大树的切面都是圆形，而且每棵树的切面大小都不一样。

　　看着眼前的这一幕，我的脑子里突然闪过了一个念头。我马上割断了葛藤，先用它量出最小圆的直径和周长，然后量出比这个稍微大一点儿的圆的直径和周长。按照这种方式量出四个圆的直径和周长之后，我把葛藤

——放到地上。这时我发现，圆的周长好像是其直径的3倍左右。

"每个圆的周长与其直径形成了一定的比例关系。"

这个比例到底是多少呢？我的好奇心越来越强烈。我想，只要能知道这个比例，仅以直径就可以计算出圆的周长了。

"要是有卷尺的话，就可以准确地知道它的比例。"

我突然想到了海荣，于是急忙把它叫来。正坐在栗子树下休息的海荣听到我的呼唤后，马上飞了过来。

"海荣，借我用一下你的舌头。"

海荣张开嘴，伸出自己的舌头。它的舌头上标有刻度和数字，可以当成卷尺使用。我用"卷尺"量了量放在地上的葛藤的长度，然后用其周长除以直径，发现它们得出的值竟然都是一样的。每个圆的周长都是其直径的3.14倍。得到这个结果，我非常高兴，急忙叫来了阿吉。

"阿吉，快过来！"

直径 2m   直径 3m   直径 4m   直径 5m
周长 6.28m   周长 9.42m   周长 12.56m   周长 15.70m

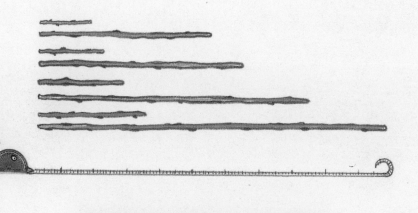

圆的周长=直径×3.14（π）

周长6.28m÷直径 2m=3.14

周长9.42m÷直径 3m=3.14

周长12.56m÷直径4m=3.14

周长15.70m÷直径5m=3.14

阿吉一边举着一个像斗笠一样的蘑菇，一边向我走来。那个蘑菇太大了，阿吉拿在手里就好像拿着一把雨伞。我向她说出了刚才得到的结果，她大吃一惊。

"你算出3.14是圆的周长与直径之比，这不就是圆周率（π）吗？"

"你是说，我自己算出了圆周率？"

我非常激动，因为我做梦也没想到我能靠自己的实力算出圆周率。

"那想求圆的周长的话，用直径乘以3.14就可以了。"

这时，透过树枝，吹来了一阵轻风，传来了鸟儿清脆动听的歌声。阳光照亮了我的脸，我的心里感到非常自豪。

阿吉走到长满苔藓的坡地上，我徘徊在水坑的周围，思索下一个难题。突然一不小心，我脚下一滑，摔了个屁股蹲儿，裤子上粘满了脏兮兮的泥土。我一边擦去裤子上的泥土，一边继续思考着。这时，我忽然灵机一动，一个念头从脑海中闪过。摸着沾在裤子上的泥土，我自言自语地说："啊，就是这个！"

我抓了一大把水坑周围的泥土，来到大树旁，然后把泥土涂抹在四棵树的切面。

　　"这切面的面积一定就是覆盖这个切面的泥土的面积。"

　　我画出包围这个切面的正方形，还画出正方形的横竖中心线。我发现，每个小正方形的边长都和切面的半径一样长。我虽然不知道求圆面积的公式，但我知道正方形的面积公式是"边长×边长"，因此觉得只要利用小正方形的面积，就可以求出圆的面积。我用被四等分的大圆右下角的泥土，填补了大正方形和圆之间的空白处，剩下的泥土则制成长方形的形状也粘了上去。

  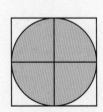 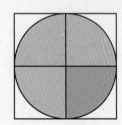

"填满泥土部分的面积就是三个小正方形的面积再加上长方形的面积。"

　　长方形的宽为圆半径r的七分之一。三个正方形的面积（$3r^2$）加上长方形的面积（$\frac{1}{7}r^2$）得出的值为$\frac{22}{7}r^2$。我仔细一算$\frac{22}{7}r^2$的值，发现是一个接近于3.14（π）的数。

　　"啊，填满泥土的部分就是圆的面积，所以圆的面积就是圆的半径的平方乘以3.14（π）。"

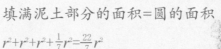

填满泥土部分的面积=圆的面积

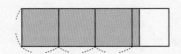

$$r^2+r^2+r^2+\frac{1}{7}r^2=\frac{22}{7}r^2$$

圆的面积=半径的平方×3.14（π）

我的心情比刚才还要激动，赶快叫来了阿吉。

"阿吉，快来一下，我知道第二个公式了。"

头发湿漉漉的阿吉从岩石后面走了出来，衣服上沾满了苔藓。

"你快看，圆的面积也有一定规律。"

阿吉看到我画的图后，惊讶不已。

"哇！润智，你真的好聪明啊！"

兴奋的我大声回答阿吉：

"只要知道圆的半径，马上就可以算出圆的面积了！"

这时，森林里传来了鸟儿的叽喳声，它们好像听到我的好消息后，也在欢欣鼓舞地为我喝彩助威。每当一阵风吹过，旁边的树木就好像感到痒痒似的咯咯笑个不停。

我们急忙回到圆形岩石那里，在岩石上写出了我们计算出的两个公式。于是，这个岩石伴随着一道耀眼的光芒裂开了，从裂缝中走出了刚才说话的那个女人。

"我是森林女神。按照之前的约定，我将告诉你们魔法泉水所在的地方。这个魔法森林的剑磐石山谷的尽头有一个小鹰磐石。之所以有这样一个名字，是因为从前那里有一只小鹰，外出寻找食物的妈妈飞走后就再没有回来，那只小鹰就一直等待下去，直到变成了一块磐石。你们想要的泉水就是从这只小鹰的眼睛中流出来的。去往小鹰磐石的路非常艰险，那里有很多悬崖峭壁，而且狂风猛烈，危险重重。但只要你们答应我一件事情，我就可以帮你们打来泉水。"

"什么事情呀？"

"森林的山丘那边有一座巨人们生活的图形城市。你们只要满足萌萌小朋友的要求就可以了。"

我正听得一头雾水，不知如何是好的时候，阿吉对女神说：

"知道了，我们这就去，你也一定要遵守约定啊！"

零（0）和无限符号（∞）

在公元6世纪左右，印度数学家发明了表示"一无所有"之意的数字——零。自从印度人想出1~9的数字和0的数字之后，也就诞生了十进制计算方法，即每当个位满10时就向前一位数进1，使以后进行非常复杂的计算时，会变得简单。零（0）表示"一无所有"，而无限符号（∞）则表示无穷大。1 655年，英国数学家约翰·沃利斯（John Wallis，1616—1703）第一次使用了这个无穷大的符号。

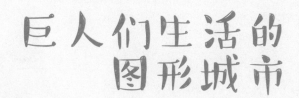

巨人们生活的图形城市

　　离开森林后，我们在向西飞行的过程中发现了一座图形城市。一个个由正多面体构成的建筑沿着马路整齐地排列着，有正四面体巨人面包房、正八面体巨人比萨店、正二十面体巨人游乐场等。

我看了看马路对面，银杏树在路边排成了一列。正六面体的电影院旁边有一个正十二面体的体育馆，形状非常像一个足球。体育馆后面是一条小河，河上有七座桥，桥前聚集着很多巨人，他们在地面上画着河与桥的图形并议论着。

　　"阿吉，那些巨人都怎么了？"

　　"我也不知道，过去看看吧！"

　　我们走过去仔细听了巨人们的谈话后，才知道他们正在谈论着能不能一次走完这七座桥，并且每一座桥只允许走一次。一个巨人对站在自己旁边的巨人说：

　　"一定能找出一次走完这七座桥的方法。"

　　"我都说过多少遍了，不可能！"

　　"那你就说明一下，为什么一次走不完啊，让我心服口服不行吗？"

　　巨人们争论的声音越来越大，语气也不是很友好。要是一直这样下去，非打起来不可。这时，从我们身后走过来一个人，他比巨人们的个子矮些，体格也比较瘦小。他一边挤进巨人堆里，一边解释说：

　　"这七座桥是很难一次走完的。大家请看这里，如果像我这样画的话，这个问题就会变得一目了然了。"

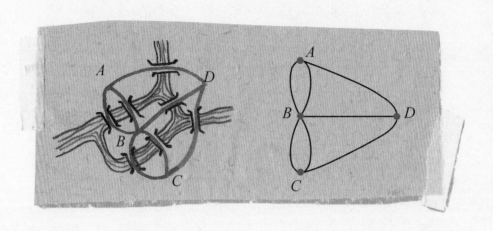

　　正在争吵的巨人们听他这么一说，都停止了吵闹，把目光集中到了他所画的那条蓝色线上。那个人从衣兜里掏出了一支笔，解释道：

　　"大家请看，如果用我手里的这支笔一次性地画出与这七座桥一模一样的图形，就说明可以一次走完这七座桥。简单地说，只要可以一笔画出这七座桥的图形，就能一次走完这七座桥。不过，这七座桥的图形用一笔是无法画成的。"

　　他说的没错，用一笔怎么画都不行。

　　"为什么一笔画不出来呢？"有的巨人问。

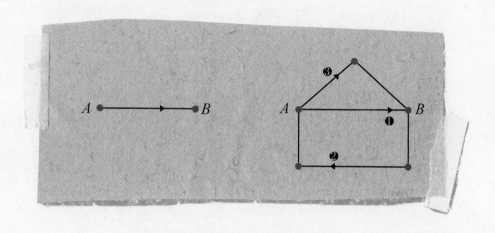

　　他再次在地上画了一条线，接着问：

　　"可以一笔画出一条从A点到B点的线吗？"

　　"当然可以了。"

　　"那这个呢？"

　　"这个也可以一笔画成。"

　　"经过一点的线段为奇数条的点称为奇数点。与A连接的线段有3条，所以A就是奇数点。B同样也是奇数点。想要一笔画出来，一个图形中要么不存在奇数点要么存在2个奇数点才可以。这个图形因为有2个奇数点，所以才可以一笔画出来。"

我马上看了看那七座桥的图形，发现有A、B、C、D这四个奇数点，这才知道怎么也不能一笔画成的原因。

　　"我们现在知道了。"

　　在一旁静静地听他解释的巨人们都点了点头。过桥问题已经解决，巨人们的脸上都浮现出了笑容，并且相互握手道歉，然后纷纷离去了。

　　"等一等，叔叔，请问您是谁呀？"

　　"我是莱昂哈德·欧拉。"

　　这个名字好陌生，我还是第一次听到。

　　"欧拉叔叔，您知道喧闹小学在哪里吗？"

　　"过了那座桥有一个消防所，在消防所左拐就可以看到了。"

　　"谢谢叔叔。"

　　我们按照欧拉叔叔说的过了那座桥来到了喧闹小学。一走进喧闹小学的校门，就看见操场上有很多巨人小朋友正在玩耍，他们吵得我的头都快炸开了。我问一个穿蓝色运动服的小朋友：

　　"你知道一个叫萌萌的小朋友在哪里吗？"

　　"啊，那个傻瓜呀！不就在那边吗？"

　　我顺着他手指的方向望过去，发现藤树下有一个小孩儿正蹲在那里。我们马上跑了过去，看到那个小孩儿很忧伤，手里还拿着一个塑料的蜻蜓玩具。

"你就是萌萌吧？我们为了帮助你，特意从魔法森林赶来的。你想要什么？"

萌萌撇了撇嘴，看来他并不相信我的话。

"啊，对了。"我突然想起了埃舍尔送给我的那条项链。我把三角形镜子对准萌萌手里的那只塑料蜻蜓，按了按镜子背面的按钮。不一会儿，那只蜻蜓慢慢地飞向了蓝天。萌萌不敢相信自己的眼睛，猛地站起身来。

"我们是来帮助你的，萌萌！快说出你的愿望吧！"

萌萌睁大眼睛看了看我俩，委屈地说：

"朋友们都说我是傻瓜。其实我很想和他们玩，但是他们都觉得和我玩非常丢

人，所以都不愿意和我玩。"

萌萌翻开自己的数学笔记本，里面画有很多图形。

"数学老师留了作业，让我们从这些图中找出可以一笔画成的图形。我画过很多次，但还是找不出答案。"

我仔细看了每一个图形，根据从欧拉叔叔那里学到的知识，寻找没有奇数点或是有2个奇数点的图形。只有一个图形没有奇数点，剩下的都有3个以上的奇数点。

我笑了笑，对萌萌说：

●奇数点

"萌萌，其实这个问题非常简单。"

　　于是，我把从欧拉叔叔那里学到的一笔画知识讲给了萌萌。

　　"哇，原来这么简单啊！好神奇啊！太谢谢你了！"

　　恍然大悟的萌萌从衣兜里拿出音乐会门票送给我们作为感谢，门票上还画着各种吹乐器的动物。

　　这时，上课铃声响了，萌萌拿着自己的笔记本跑进了教室。我和阿吉悄悄地走到了教室的窗户边。数学老师在黑板上画出图形后问同学们：

　　"昨天留的作业，有没有同学能解出来啊？"

　　只见下面的同学面面相觑，没有一个人举手。就在这时，萌萌高高地举起小手，向老师示意。同学们都用诧异的目光回头看着萌萌。萌萌几步就跳上了讲台，开始给老师和同学讲解。台下的同学们边听边发出赞叹的声音，老师也夸奖了萌萌。我和阿吉在窗外看着萌萌高兴的样子，再想想第一眼看到他时那一脸委屈的表情，不禁满意地笑了。

　　下课后，同学们都站在了萌萌的身旁。

　　"萌萌，你真令我们刮目相看呀！"

"我们以前都不理睬你，真是太对不起了！"

萌萌非常高兴，一直笑个不停。我为一直感到孤独的萌萌高兴，因为我也有过类似的经历，所以非常理解萌萌。

我和阿吉走出校门，长颈鹿向我们眨了眨眼睛，粉红色燕子坐在长颈鹿的耳朵上冲我们叫着。

"润智，你看那里!"

只见远处的彩云间飞来了一只鹰，它在天空中转了几圈后，落到了校门上。鹰的脚上系着一张纸条，我们打开一看，是森林女神寄来的。

阿吉对粉红色燕子说：

你们顺利地完成了任务。按照之前的约定，我现在正在去往剑磐石山谷的路上。我打完泉水后，会去帕斯卡三角山，你们到那里等我吧! 橡子山庄见! 帕斯卡三角山位于巨人们生活的图形城市的北边。

　　"快去告诉马泰舅舅，马上带着'小猫'去帕斯卡
三角山。"

　　粉红色燕子接到命令后，迅速展翅飞向了蓝天。

116

发生在帕斯卡三角山上的事情

我们踏上了一路往北的征程。我感到越往北，气温变得越低。透过漫天飞舞的雪花，帕斯卡三角山的山峰终于渐渐露出了模样。

"阿吉，好像是那里！"

山顶上有一个三角形滑雪场，很多孩子正在那里快乐地滑雪。有的孩子摔倒了，有的孩子滑得很棒。滑雪场的雪道上每隔一定距离就插着一面小旗子，旗子上还写着数字。越往山脚，小旗子就越多，左右对称的小旗子上写着的数字也在逐渐变大。相邻的两个数的和等于下面小旗子上的数字。

"哇，好神奇啊！阿吉，我们也快去看看吧！"

我们刚进入滑雪场，就有一个围着黄色围脖儿的雪人导游走了过来。

"请问橡子山庄在哪里呀？"

雪人伸手指了指滑雪场的高处。

"看到那个像橡子一样的建筑物了吗？就是那儿。"

就在这时，马泰舅舅从大门口抱着变成红色小猫的润奎跑了过来。我马上跑过去接过润奎，摸着他的头，看着他的眼睛，安慰他说：

"润奎，你马上就能恢复人形了！"

我们坐着缆车来到滑雪场的高处，站在橡子山庄前，期盼着女神能够早点儿到来。谁知等了半天女神也没有出现。时间一分一秒地过去了，依然没有女神的影子，我心急如焚。

118

一旁的阿吉一边呵着自己冰凉的手取暖，一边焦急地问我：

"润智，要是女神不来可怎么办啊？"

"不会的，她一定会来的！"

我虽一口否定了她的话，但心里还是恐慌不安。

风吹得更加猛烈了，扬起的雪花笼罩了整个滑雪场，就像烟雾一样朦朦胧胧，什么也看不清。我原本自信的心中也有一种不好的预感。

就在这时，一只巨大的鹰穿越风雪向我们飞了过来，我看到女神正骑在鹰的背上。鹰慢慢地收起翅膀，落在山庄前。

"不好意思，我来晚了。"

女神的脸上有些伤痕，我想一定是在剑磐石那里受的伤。她从小口袋里拿出一个小盒子。

"给你，小心点儿，别弄洒了。"

我小心翼翼地打开盖子，发现盒子里装着清澈的泉水。这时我想起了那只小鹰，想到它每晚都在恐惧中等待妈妈回来，不由得感到心酸。小鹰就连变成石头之后都还在等着妈妈，现在所流的眼泪竟然是魔法泉水，想到这里，我的心情很低落。

我给"小猫"喂了些泉水。过了一会儿，"小猫"的红毛果然开始慢慢消失不见了，胳膊和腿也开始变长，背也变直了，皮肤也变回了原来的颜色。他的身体逐渐恢复到了原来的模样。

润奎的眼珠来回转动。我轻轻地抚摸着他的脸。这时，润奎像是从梦中刚刚醒过来的小孩儿一样，用迷茫的双眼看着我。

"润奎，你还好吗？"

我的眼泪不自觉地落到了润奎的脸上，润奎慌忙地问：

"姐姐，你怎么哭了？"

"没事，我只是……"

"姐姐，我做了一个非常奇怪的梦，在梦里变成了一只小红猫。"

阿吉欣慰地看着我。扶起润奎后，我对女神说：

"非常感谢你！"

我把分形三角形项链递给了女神，说：

"请你收下吧，这是我的一份心意！你用这个项链

120

中的三角形镜子发射出来的光照那只小鹰的眼睛，它就一定会复活的。请你一定要让它重生啊！"

女神看着项链对我说：

"这好像是一条非常珍贵的项链，给我恐怕不合适吧。"

"能够让润奎恢复真的就像做梦一样，我非常高兴。要是这条项链能救活那只可怜的小鹰，我会更开心。"

女神微微地笑了笑，那笑容如此动人，散发出一种迷人的魅力。

"那我先回去了，有时间你们再来魔法森林玩啊！"

说完，女神骑着鹰飞向了魔法森林。

润奎冷得缩成一团，马泰舅舅把上衣披在了润奎身上。过了一会儿，润奎好像暖和了一些，他看到滑雪的雪人说：

"哇，姐姐！快看那个雪人，滑得真棒呀！我也想滑雪。"

阿吉又开始凑热闹了，接着润奎的话说：

"好啊好啊，我也想去！咱们都去吧！"

润奎穿上滑雪板，像只大螃蟹一样侧着走在雪地上。阿吉说她要滑单板。其实我很害怕，并不是很想滑，只是为了润奎才鼓起了勇气，可两条腿不听使唤似的抖个不停。

"干什么呢？快下去呀！"

见我犹豫，站在我身后的阿吉趁我不注意，轻轻推了我一下。

"啊啊啊啊啊啊——"

我的身子摇摇晃晃地开始快速下滑，随时都有滑倒的可能。

"啊啊啊啊啊——怎么这么快呀！"

我滑到小旗10的位置终于停了下来。可谁知，跟在我身后的润奎碰到了我的脚，我没站稳，一屁股坐到了雪地上，接着又开始往下滚。我转得晕头转向，想停也停不了。这时，我用力揪住了一面小旗，这才停了下来。我慢慢地从地上爬了起来，只见小旗子上写着数字

924。

润奎比我滑得还要远，他倒在小旗6435旁，身体已经埋进了雪里。

"润奎！你没事吧？有没有伤着啊？"

我大声喊着，润奎猛地从雪地里扬出脑袋说：

"嗯！我一根毫毛也没伤到，姐姐呢？"

这时只听"哐"的一声，原来是滑单板的阿吉撞到了我。于是我又开始新的一轮滑行，一直滑到了润奎所在的地方才停下来。幸好我没有受伤。润奎拍着自己头上的雪说：

"姐姐，我们再滑一次吧！"

润奎能回来，真是万幸啊！

大自然中隐藏着数学

帕斯卡（Blaise Pascal，1623–1662）

帕斯卡是法国的数学家、物理学家、哲学家。他的母亲在他3岁时就去世了，他一直与父亲生活在一起。在帕斯卡小的时候，他的父亲经常带他到野外去玩，让他在大自然中学习"活生生的知识"。因此，帕斯卡从小就喜欢上了数学和科学，后来还在这些领域里取得了非凡的成就。

帕斯卡三角形是帕斯卡无意间发现的。这个帕斯卡三角形中隐藏着有趣的斐波那契数列，即画出如图所示的平行的线，然后把这些平行线上的数字进行相加的话，就会出现斐波那契数列（1、1、2、3、5、8、13、21……）。

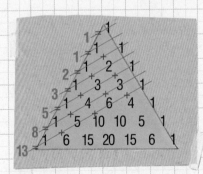

斐波那契数列是连续的两个数相加的和等于下一个数字。数越大，两数之间的比值

124

就越接近黄金分割（1.618），如
2/1、3/2、5/3、8/5、13/8……

　　大自然中的很多事物都具有斐波那契数列的性质。例如，向日葵种子的排列、松果的鳞片数、蜗牛壳、动物角的螺旋结构、龙卷风风眼等，这些都具有斐波那契数列的性质。此外，在花和蔬菜等植物中也可以找到斐波那契数列。例如，草莓的花瓣是5个、大波斯菊有8个花瓣、金盏花有13个花瓣……这些花瓣的个数就形成了斐波那契数列。

参加动物们的音乐会

从帕斯卡三角山回来后，我们好好地休息了一天。第二天下午，我们拿着萌萌给的门票，去听音乐会。

"阿吉，什么时候才能到啊？我快渴死了。"

"过了那个山丘就到了。"

我们走到了山丘，迎面吹来一阵凉爽的风。从山丘上一眼望去就可以看到演出场馆，它的屋顶上有一个像小号形状的烟囱，入口的草地上竖立着各种音乐符号，有高音符号和低音符号，在这些音乐符号上还放上了漂亮的花朵。一进入表演厅，便传来了小提琴、中提琴、大提琴相融合的声音。

演出开始了，袋鼠拿着指挥棒指挥乐队。按照袋鼠的指挥，鸡、毛驴、狮子、大象、布谷鸟、天鹅等动物演奏着不同的乐器。毛驴弹钢琴，斑马打鼓，乌龟演奏木琴，猩猩吹着单簧管。小熊一家四口坐在第一排欣赏着音乐表演。

首曲表演结束后，主持人鸵鸟走到舞台前，介绍了下一个表演曲目——圣桑的《动物狂欢节》。

"润奎，你在这里乖乖地听音乐，哪里都别去，我马上就回来。"

我和阿吉都很渴，所以先出来了。我们看到旁边有一个窗台上摆

满花盆的练习室，一只狐狸正在里面练竖琴。狐狸闭着
眼睛，用手指拨着琴弦，练习室里回绕着动听的旋律。
练习结束后，狐狸睁开了眼睛。

　　阿吉说："你刚才演奏的音乐真好听！"

狐狸高兴地笑了笑，然后招手让我们进去。狐狸从冰箱里给我们拿出了冰水。可能是因为太渴的缘故，我觉得这个冰水竟然比蜂蜜水还好喝。桌子上放着一个装满糖果的篮子，我目不转睛地看着篮子里的糖果。狐狸热情地把篮子递给我，请我吃糖果。

"尝尝吧，这是我们吃的狐狸糖。"

我看都没看，立刻剥开糖纸，把糖扔进了嘴里，那糖的味道是一股浓浓的酸甜味。

狐狸见我对竖琴充满了好奇，接着问我：

"你是第一次见到竖琴吗？"

"我在照片上见过几次，但是真正的竖琴是第一次见到。"

"那你摸一摸吧，没关系的。"

我用手轻轻地拨了几下竖琴的弦，竖琴发出非常小的声音。

"这是'哆'音。"

这回我又拨了比刚才短一点的弦，声音比上次高了一些。

"这是比刚才的'哆'音高八度的'哆'音。声音是在琴弦的振动中产生的。在空气中，声音会以波浪的形式传播，我们把它叫作声波。"

听到波浪，我不禁想起了去年夏天和爸爸妈妈一起去海边的情景，眼前浮现出在海滨浴场的开心场面。

"声音还有波浪？"

"那当然，就像波浪有大有小一样，声音也是如此。声波有高低和长短的区别，所以才有各种不同的声音。"

我回想起海滨浴场看到的波浪，那些高低不同的波浪发出了各种不同的声音。原来就像大个子波浪和小个子波浪一样，声波的个子好像也各不相同。

"竖琴的弦越短，音调就会越高。弦长缩短一半，振动频率会增加一倍。音的高低是由振动频率，也就是单位时间内振动次数决定的。那么，如果振动频率加快，音是会变高还是会变低呢？"

"当然会变高啊！"

狐狸问的是我，可回答的却是阿吉。我不太理解狐狸的话。不过，阿吉好像全都听明白了，我有点儿心理不平衡。

狐狸继续说道："主和弦、下属和弦以及属和弦的振动频率之比为4：5：6。基于这种数学比例，才会有高低不同的音调。音乐中有很多数学原理，只是难以发现罢了。"

我抱着狐狸递给我的糖果篮子，又挑了一块糖扔进了嘴里。

"表示音长的音符中也含有数学原理。全音符的时值是二分音符的2倍，是四分音符的4倍、八分音符的8倍。休止符也是同样的道理。五线谱中的4/4拍和3/4拍，这种拍号也是利用数学的分数创造出来的。"

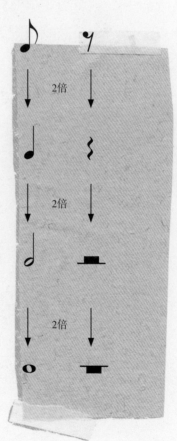

"五线谱中原来有这么多数学原理呀！"

"是啊，可以说，如果没有数学，就不会有音乐。由此可见，数学在音乐中所占的比重非常大。"

狐狸再次弹起了竖琴，音乐中

犹如弥漫着淡淡花香。窗帘轻轻摆动着，我闭上眼睛聆听着竖琴带来的美妙的旋律，陶醉在动听的音乐中，有一种梦幻般的感觉。我们过了好久才走出练习室，回到了表演厅。

小熊一家正在惬意地欣赏着音乐，小熊靠在熊妈妈的肩膀上，熊爸爸拥着熊妈妈，一家人非常幸福。

润奎小声地对我说：

"姐姐，我想回家，看到小熊一家人，我非常想念爸爸妈妈。"

我坐在旁边没有说话，只是搂着润奎的肩膀，继续

音阶的发现

古希腊数学家毕达哥拉斯有一天经过铁匠铺时，听到了一阵打铁的声音。他发现这种声音时而变大，时而变小，很有节奏感。其实，这是因为铁锤的重量不同，所以传出的声音也不同。后来，毕达哥拉斯利用数学方法对音符进行了长期的研究，最终通过总结，建立了音乐的基础——音阶。

观看演出。

　　前一曲演奏已经结束，狐狸登上了舞台。狐狸这次的演奏比刚才我在练习室里听到的更加悦耳动听。

　　音乐会结束后，我们和狐狸一起吃了晚餐。美餐一顿之后，回到马泰舅舅家时都已经是晚上9点多了。

家中的魔术

马泰舅舅的房间里有两个不同形状的镜子，一个是球形，另一个是三角锥形。

"舅舅，这是什么呀？"

"球形镜子是照射人们内心的镜子，三角锥形的镜子是时间镜子。"

"时间镜子？"

"三角锥镜子有三个面可以照射每个人的过去、现在和未来。"

"啊？真的吗？可以看到我的未来吗？"

我迫不及待地照了未来的那面镜子，果然镜子中出现了10年后的我。只见一个年轻斯文的女大学生正在认真地研究数学题。

"呜哇！舅舅，快看啊，10年之后的我，真是太酷了！"

"我看看，呀，真了不起！润智，镜子是绝对不会说谎的。"

"就是说我将来数学一定很棒喽！"

"是的，你一定会喜欢上数学的！"

"噢耶！"

我心想，这次我真的没有白来数学游戏王国呀！如果没有来这里的话，我恐怕一辈子都会为学数学而苦恼，也会一直讨厌数学。不过，我现在一点儿也不讨厌数学了。

"润智，如果你喜欢数学的话，数学也会更喜欢你！"

说完，舅舅哈哈大笑起来。

这回我又照了照那个球形的镜子。镜子上出现了一间房子，客厅里坐着爸爸和妈妈，妈妈的眼角湿湿的，爸爸在一旁安慰着妈妈。

"这是因为我和润奎都不见了，妈妈现在非常伤心……"

看到这一幕，我的眼泪也忍不住地流了下来。

"爸爸妈妈，我们在这里过得很好，玩得非常开心，我还喜欢上了数学。"

舅舅默默地站在我身后，看着镜子中的情景，拍了

拍我的肩膀说道：

　　"润智，你是不是非常想念家人呀？"

　　"嗯，非常想他们。"

　　舅舅一言不发，走出了房间。我也

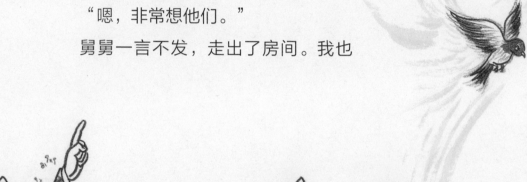

跟着出去了。润奎和阿吉正在厨房里准备午饭。

"小家伙们，我先去表演场了，一会儿记着要来看我的表演啊！"

舅舅出门后，我们吃了顿美味的午饭，饭后玩了30分钟游戏，便去了魔术表演场。

观众席上人山人海，音响声也震耳欲聋，表演场上挂满了五颜六色的气球，格外显眼。

表演开始了。舅舅穿着一身靓装走上舞台，他系着一个红色的蝴蝶领结，戴着一个小猫面具。舅舅给观众们看了手里的帽子，里面什么都没有。然后，他把帽子抛向空中，又接到了手里，然后把帽子放在地上。接着，他从口袋里抽出一条红色围巾，盖在那顶帽子上，然后指了指屋顶，两只鸽子正并排坐在屋顶上。舅舅做出把鸽子放入帽子中的手势，然后掀起围巾，帽子里果然有一只鸽子。我和润奎同时向屋顶看去，刚才还坐在一起的鸽子真的有一只消失不见了。观众们感到非常不可思议，都为舅舅鼓掌叫好。

　　"哇，姐姐，真的好神奇呀！"

　　第二个表演是串联两个回形针。我和润奎站在舞台上拿着一条非常大的纸带，纸带上夹着两个回形针。

　　"各位观众，我不用手就可以把这两个回形针串起来。"

　　舅舅让我们俩分别站在纸带的两端。舅舅在我们耳边低声地说："我发出信号时，你们只要用力拉就可以了"。

　　观众们的目光都聚集到了我们两个人的身上。舅舅走向舞台前，高高地举起手，向我们发出了信号。我和润奎收到信号后，急忙用力往两边拉纸带。这时，两个回形针之间的距离逐渐拉近，它们突然弹到了空中，落到了观众席上。此刻整个表演场上人声鼎沸，有一位观众捡起回形针发现两个回形针果然已经串起来了。观众们的掌声更加热烈了。

我和润奎走下舞台，回到自己的座位上。舅舅边擦着额头上的汗珠，边拿着话筒说道：

"这回，我要向大家表演的是光脚走水面的浮力魔术。"

舅舅走下舞台，来到舞台一侧的游泳池旁。观众们都拥到了游泳池的周围，我们也跟了上去。舅舅先把左脚放到水面上，然后慢慢地把右脚放到左脚前。非常神奇的是，舅舅竟然没有沉下去，而是站在了水面上。舅舅每向前迈进一步，观众们的掌声就比上一次的更热烈。

这时，润奎大声喊道："舅舅，你是最棒的！"

舅舅走完20米的全长，已经有更多的人拥到了游泳池周围。舅舅又从另一头走回到起点，然后回到了舞台上。舅舅向观众席敬了个礼，台下的观众全都起立为舅舅的完美表演报以掌声。等掌声渐渐变弱之后，舅舅

又说:"各位，下面我给大家表演最后一个魔术。"

　　这次，舅舅把阿吉叫到了舞台上。阿吉从舞台后拿了一幅非常大的画，走到舞台中间。舅舅还把我和润奎也叫上了舞台。我们走上舞台之后，舅舅又向观众们大声说道："各位，稍后这两位小朋友会进入这幅画中。"

画里是我们的家，爸爸妈妈正坐在客厅里，我还看到了我的房间。

舅舅蹲了下来，对我说："润智，你们两个小家伙也该回家了。"

"这么突然？"

"下次再来玩吧！数学游戏王国随时欢迎你们。"

阿吉也依依不舍地对我说："润智，下次我去你的房间玩吧！"

"好啊，阿吉，那我们到时候再见喽！"

这时，从舞台的两侧喷出了白色的烟雾。我和润奎慢慢地向这幅画走了过去。舅舅开始念起了咒语。

"就是现在！"

我回头又看了一眼阿吉和马泰舅舅，然后把脚伸进了画中。就如同陷入沼泽地一样，我一下子就进了画里。我的身体摇晃了一下，但又马上站稳了。润奎用力地抓住我的手。随着脚伸进画中，我的肩膀和身体也都进去了。润奎也把脚伸进了画中。

看到我和润奎一点点进入画中，观众们的掌声再次响起，坐在后面的人甚至忍不住拥到了舞台前。我闭上眼睛，这时掌声也渐渐地变小了。当我睁开眼睛时，已

经回到自己的房间里了。天花板上的小灯射出来的灯光洒照在地板上。

"爸爸！妈妈！"

润奎边喊边跑到了客厅里，我也跟着跑了出去。坐在沙发上的爸爸妈妈都吓了一跳，慌忙站起来。妈妈擦着眼泪紧紧地抱住润奎，爸爸也抱起了我，把我举向天花板，然后转了几圈。

"爸爸，你知道我们去了哪里吗？"

"去了哪里呀？"

"数学游戏王国！"

"什么王国？"

"是神奇的魔法王国。那里的数字不仅可以走路、唱歌，而且还会跳舞。我们还骑着有一双翅膀的长颈鹿在蓝天上翱翔呢！"

"还有那种王国呀，爸爸也想去看一看！"

"数学游戏王国会欢迎你的。我现在非常喜欢学数学，数学考试也有信心得一百分了！"

我转头看到放在沙发前的木桌子，它的形状是一个长方形。

"咦？爸爸，快把我放下来。"

我马上回到房间，找来了纸和尺，量了桌子的长和宽，进行比较之后才发现它们正符合黄金分割比例。

　　"爸爸，这个桌子的长和宽之比正好是黄金分割比例。"

　　"黄金？"

　　听到"黄金"二字的爸爸，眼睛竟然睁得像青蛙的眼睛一样圆……

图书在版编目（CIP）数据

我爱上了数学 /（韩）咸基锡著；千太阳译. -- 长春：吉林科学技术出版社，2020.1
（科学全知道系列）
ISBN 978-7-5578-5046-3

Ⅰ. ①我… Ⅱ. ①咸… ②千… Ⅲ. ①数学－青少年读物 Ⅳ. ①O1-49

中国版本图书馆CIP数据核字（2018）第187571号

吉林省版权局著作合同登记号：
图字　07-2016-4726

我爱上了数学 WO AI SHANG LE SHUXUE

著	[韩]咸基锡
绘	[韩]郑丞姬
译	千太阳
出 版 人	李 梁
责任编辑	潘竞翔　杨超然
封面设计	长春美印图文设计有限公司
制 版	长春美印图文设计有限公司
幅面尺寸	167 mm × 235 mm
字 数	72千字
印 张	9.5
印 数	1-6 000册
版 次	2020年1月第1版
印 次	2020年1月第1次印刷

出 版	吉林科学技术出版社
发 行	吉林科学技术出版社
地 址	长春净月高新区福祉大路5788号出版大厦A座
邮 编	130118

发行部电话 / 传真　0431-81629529　81629530　81629531
　　　　　　　　　　81629532　81629533　81629534

储运部电话　0431-86059116
编辑部电话　0431-81629520
印　　刷　长春新华印刷集团有限公司

书 号	ISBN 978-7-5578-5046-3
定 价	39.90元

如有印装质量问题　可寄出版社调换
版权所有　翻印必究